Bibliografische Information der Deutschen Nationalbibliothek:

Die Deutsche Bibliothek verzeichnet diese Publikation in der Deutschen Nationalbibliografie; detaillierte bibliografische Daten sind im Internet über http://dnb.d-nb.de/ abrufbar.

Impressum:

Druck und Bindung: Books on Demand GmbH, Norderstedt Germany
ISBN: 9783668498532

Dieses Buch bei GRIN:

http://www.grin.com/de/e-book/371605/dialektik-der-globalisierung-und-regionalisierung

Elisabeth Bauer

Dialektik der Globalisierung und Regionalisierung

GRIN Verlag

Dialektik der Globalisierung und Regionalisierung

Hausarbeit im Rahmen des Seminars „Allgemeine Humangeographie“
vorgelegt von Elisabeth Bauer im Juni 2015
im SS 2015 am Institut für Geographie und Geoökologie (IfGG)

Elisabeth Bauer
Studiengang Geographie für das höhere Lehramt
Fachsemester 2
Datum: 23.06.2015

Inhaltsverzeichnis

Abbildungsverzeichnis

Abkürzungsverzeichnis

Abb.	Abbildung
d.h.	das heißt
f.	folgende
ff.	fortfolgende
g.	Gramm
S.	Seite
vgl.	vergleiche
z.B.	zum Beispiel

1 Einführung in das Thema

Die Wirtschaft ist unumstritten eine der aktuellsten und wichtigsten Faktoren der weltweiten Entwicklungen. Aber was heißt eigentlich Wirtschaft? Wirtschaft ist im engeren Sinn, ein Synonym für das System der Produktion und Verteilung der Güter (vgl. MÄDIG 1998,5). Ich werde mich nun einerseits mit der internationalen und andererseits mit der interregionalen Weltwirtschaftsordnung beschäftigen (vgl. LINK 2001, 9).

6:30 Uhr, das Smartphone eines südkoreanischen Herstellers, auf dem Nachttisch, spielt einen aktuellen Popsong einer amerikanischen Band. Zum Frühstück gibt es Kaffee aus Brasilien. Auf dem Weg zu Uni bleibt man, in mitten von Autos schwedischer, französischer, japanischer oder deutscher Herstellung, in einem Stau stecken. Kein Problem – durch das Mobile Netz ist schnell eine Nachricht an den Komillitonen geschrieben. In der Uni angekommen, werden die Vorlesungen von Computertechnik begleitet, deren Software US-amerikanisch und deren Hardware chinesisch ist. Auf dem nach Hause Weg noch in einem Supermarkt einkaufen. Es werden Erdbeeren aus der Region (pro 500g 3,50 Euro) und aus Spanien (pro 500g 1,99 Euro) angeboten. Welche nimmst du?

Unser Alltag wird ständig von Globalisierungs- und Regionalisierungsprozessen begleitet. In der Folgenden Arbeit soll geklärt werden was diese Beiden Begriffe eigentlich bedeuten und in welchem Verhältnis sie zueinander stehen.

2 Globalisierung

2.1 Der Begriff im Wandel der Zeit

Der Handel mit Gewürzen, orientalischen Stoffen, Gold, Silber oder Edelsteinen, findet schon in der damals bekannten Welt der Antike statt. Erst im Spätmittelalter wird Vorderasien zum Mittelpunkt des Welthandels. Mit der Wirtschaftsphilosophie des Merkantilismus, setzte sich im 17. und 18. Jahrhundert der Gedanke durch, den eigenen Wohlstand durch den Export von Gütern zu vermehren. Bis Ende des 18. Jahrhunderts hatten die europäischen Kolonialmächte das System des Dreieckshandels aufgestellt, welches sich hauptsächlich auf den Atlantik konzentrierte. Lateinamerikanische Kolonien errichteten Plantagen, die Produkte für den Export nach Europa anbauten. Der dadurch entstandene Bedarf nach Arbeitskräften wurde durch die Verschiffung westafrikanischer Sklaven nach Amerika gedeckt. Als die europäische Kolonialherrschaft zusammenbrach, entstand der so genannte Dreistrahlenhandel (Abb. 1). Mit der Zeit wurden die Handelsströme immer vielfältiger, da sich durch die zunehmende Industrialisierung, neue Bedarfsgebiete entwickelten (vgl. GIESE, MOSSIG, SCHRÖDER 2011, 12 f.).

Abb. 1: Dreieckshandel und Dreistrahlenhandel

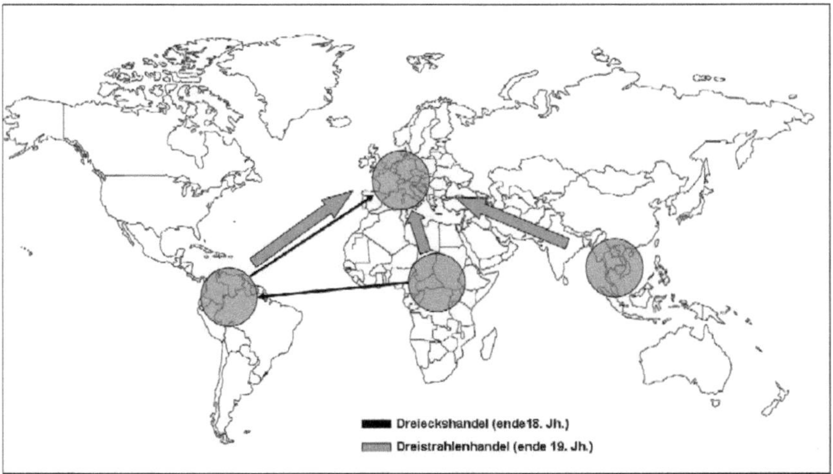

(vgl. GIESE, MOSSIG, SCHRÖDER 2011, 13f.)

Man kann also sehen, dass weltumspannende, d.h. globale Handels- und Unternehmensaktivitäten, schon eine lange geschichtliche Tradition haben. Verglichen damit, ist der Begriff der „Globalisierung" noch relativ jung. Als „globalization", erscheint er erstmals 1962 in einem englischsprachigen Lexikon und erst seit Mitte der 1980er Jahre, wird er im wissenschaftlichen Kontext diskutiert. Heutzutage ist der Globalisierungsbegriff lägst ein fester Bestandteil der Alltagswelt geworden (vgl. HAAS, NEUMAIR, SCHLESINGER 2009, 13 f.).

2.2 Definition

Allgemein lässt sich sagen, je nachdem aus welchem Blickwinkel man sich dem Begriff annähert, wird Globalisierung unterschiedlich interpretiert und beschrieben. Alle diese Blickwinkel haben eine Gemeinsamkeit. Sie verstehen das Hauptmerkmal der Globalisierung als weltweite wirtschaftliche Vernetzung. Während sich die Volkswirte mit den gesamtwirtschaftlichen Auswirkungen der Globalisierung beschäftigen, wie z.B. die weltweite Vernetzung der Arbeitsmärkte, Informationen, Rohmaterial so wie Management und Organisation von Dienstleistungsunternehmen (Hauptsächlich Austauschbeziehungen zwischen den Staaten und die immer offener werdenden Grenzen), sehen Betriebswirte in der Globalisierung ein Strategiemodell der Unternehmen, um die Chancen auf allen wichtigen Märkten auf der gesamten Welt wahrzunehmen. Hierbei werden nicht nur Absatzmärkte (global marketing), sondern auch Finanz- und Beschaffungsmärkte (global financing, global sourcing) berücksichtigt (vgl. GIESE, MOSSIG, SCHRÖDER 2011, 14). Die Soziologen betrachten den Globalisierungsprozess aus einem ganz anderen Blickwinkel. Craig Calhoun beschreibt Globalisierung als einen Prozess, „durch den alle Menschen in ein immer dichteres Beziehungsnetz hineingezogen werden" (CALHOUN 2001, 60). Anthony

Giddens liefert hier eine etwas allgemeinere Definition. „Definieren lässt sich der Begriff der Globalisierung im Sinne einer Intensivierung weltweiter sozialer Beziehungen, durch die entfernte Orte in solcher Weise miteinander verbunden werden, dass Ereignisse am einen Ort durch Vorgänge geprägt werden, die sich an einem viele Kilometer entfernten Ort abspielen, und umgekehrt" (GIDDENS 1995, 85). Er bezieht sich somit auf Calhouns prozesshaften Charakter und betont außerdem, dass die Globalisierung nicht nur ökonomischer Natur ist. Er geht sogar soweit, dass er behauptet, dass es sich bei der Globalisierung „nicht etwa um einen Prozess, sondern um eine komplexe Reihe von Prozessen" handelt (GIDDENS 2001, 24). Aus der Sicht der Wirtschaftsgeographie stehen die räumlichen Konsequenzen des Globalisierungsprozesses im Mittelpunkt. Eike W. Schamp, interpretiert die wirtschaftliche Globalisierung als einen „historischen Prozess, in dem mächtige Akteure eine weltweite Integration von Wirtschaftssektoren und Produktionssystemen bewirken, die zuvor territorial getrennt waren" (SCHAMP, E.W. 1996, 205 ff.).

2.3 Technischer Fortschritt als wichtige Ursache

Seit dem 20. Jahrhundert, ermöglichen neue Technologien und Kommunikationsmittel eine verstärkte Loslösung von sozialen und wirtschaftlichen Interaktionen von Zeit und Raum. Diese Technologien werden 'time – space – shrinking technologies' genannt. Sie sind für das Phänomen der time space compression (Harvey 1990) und des so genannten kompakten Globus (Beck 1997) verantwortlich. Durch die steigende Mobilität der Menschen, werden große Distanzen immer schneller überwunden. Natürliche Barrieren, und räumliche Distanzen, spielen eine immer kleinere Rolle. Entfernungen scheinen Technologie bedingt zu schrumpfen bzw. Raum und Zeit scheinen zu konvergieren (Abb.2) (vgl. BATHELT, GLÜCKLER 2003, 264; GIESE, MOSSIG, SCHRÖDER 2011, 76; HAAS, NEUMAIR, SCHLESINGER 2009, 19; GÖTZE, LANG 2008).

Abb. 2: Time space compression durch time-space-shrinking technologies

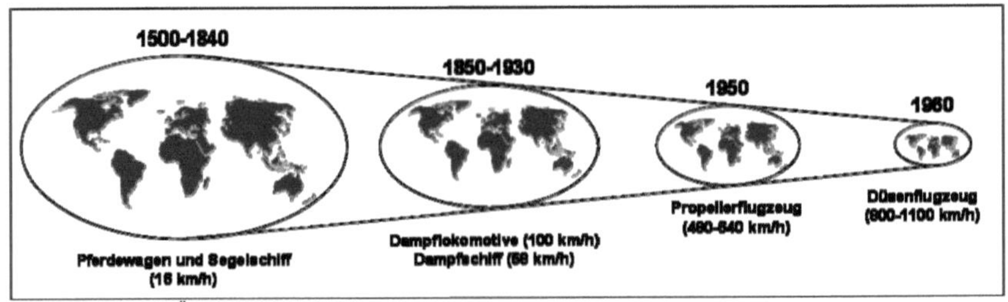

(vgl. BATHELT, GLÜCKLER 2003, 264)

Durch die modernen Transport- und Kommunikationsmittel (Kommunikation und Transport werden günstiger und schneller) und die politische Deregulierung der nationalen Wirtschaftsmärkte (Güter- und Finanzmärkte können sich stärker vernetzten) wird Globalisierung verursacht (vgl. FRIEDRICHS 2002, 60).

2.4 Auswirkungen

2.4.1 Die Theorie der nachholenden Entwicklung

Nach dem 2. Weltkrieg propagierte man die Theorie der nachholenden Entwicklung, welche der Auffassung ist, dass Globalisierung weltweit und insbesondere auch in den Ländern des so genannten globalen „Südens" zu einem Aufstieg des Wohlstandes und der Verringerung der Armut führt. Globalisierung sei der Schlüssel zu neuen Lösungen für die bestehende ökonomische Rückständigkeit und helfe bei dem Abbau der gesellschaftlichen Probleme und bei der Verbesserung der sozialen und technischen Infrastruktur (vgl. SCHOLZ 2002; 2004, 215, 253f.). Dem zu Grunde liegt die neoklassische regionale Wachstumstheorie, welche besagt, dass Unterschiede der Faktorentgelter (z.B. Einkommen/ Lohn) in einer Region, durch Faktorwanderungen (z.B. Mobilität von Arbeitskräften und Kapital) aufgehoben werden können. Die Globalisierung der Ökonomie, trüge zu einer konstanten räumlichen Entwicklung bei, da sich der Marktmechanismus durch eine weltweite Liberalisierung des Güter und Kapitalverkehrs frei entfalten könne. Möglich wäre das aber nur, wenn die Rahmenbedingungen in den einzelnen Ländern angepasst würden (vgl. GIESE, MOSSIG, SCHRÖDER 2011, 130).

2.4.2 Die Theorie der fragmentierenden Entwicklung

Vor allem in der Soziologie und der Politologie wird eine dazu oppositionelle Position vertreten. Diese nimmt an, dass der niedrige Entwicklungsstand ein Zustand von Dauer ist und keine Vorstufe zu einem wirtschaftlichen Aufschwung. Die räumlichen Ungleichheiten werden hier mit Hilfe der dependenztheoretischen Ansätze erklärt (Sunkel 1972, Senghaas 1974; 1979) (vgl. GIESE, MOSSIG, SCHRÖDER 2011, 130). Globalisierung soll demnach zu einer weltweiten Zunahme von Massenarmut und zur Zuspitzung des Wohlstandsgefälles führen, da interregionale Wechselbeziehungen die ökonomisch vehementen Länder einseitig begünstigen und die wirtschaftlich beschränkten benachteiligen. Zusätzlich bewirke sie die wirtschaftliche Abkopplung des globalen „Südens" (vgl. SCHOLZ 2004, 215f.). Der Annahme einer nachholenden Entwicklung wird deshalb die These einer „fragmentierenden Entwicklung" (SCHOLZ 2000; 2002; 2004) entgegen gesetzt.

Das Wort Fragmentierung kommt ursprünglich aus dem lateinischen und leitet sich von dem Wort Fragmentum ab, was so viel wie Bruchstück bedeutet. Unter Fragmentierung versteht man eine Aufspaltung von Individuen oder Akteursgruppen in räumlicher Dimension. Diese äußert sich einerseits in Vernetzung und Integration, jedoch andererseits auch in Ausgrenzung, Abkopplung, Marginalisierung und Desintegration. Es bestehen dabei, verschiedene räumliche Maßstabsebenen. Die globale Fragmentierung setzt sich also in der regionalen Ebene fort. Das Modell der globalen Fragmentierung von Scholz besagt, dass sich die Welt durch die Globalisierung in eine Triade teilt. Diese besteht aus „globalen Orten", „globalisierten Orten" und der „neuen Peripherie" (Abb.3).

Abb. 3: Modell globaler Fragmentierung

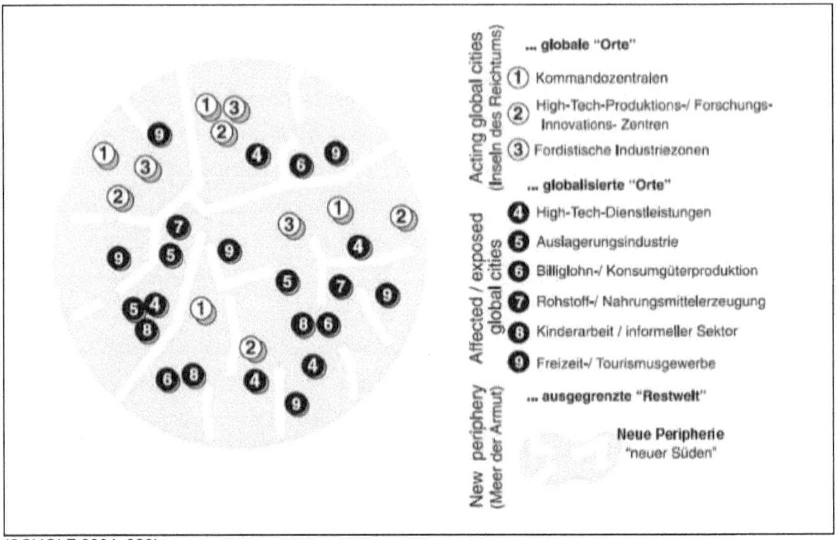

(SCHOLZ 2004, 223)

Dieses Modell baut auf die Überlegungen der nationalen Desintegration von Sunkel aus dem Jahre 1972 auf, welche besagen, dass es in jedem Land einerseits Sektoren gibt die internationalisiert sind und andererseits auch Sektoren die das nicht sind. Sunkels Überlegungen beziehen sich jedoch auf den damaligen Nationalstaat (Abb. 4) (vgl. SCHOLZ 2004, 215 ff.; SCHOLZ 2002, 6ff.).

Abb. 4: Nationale Desintegration

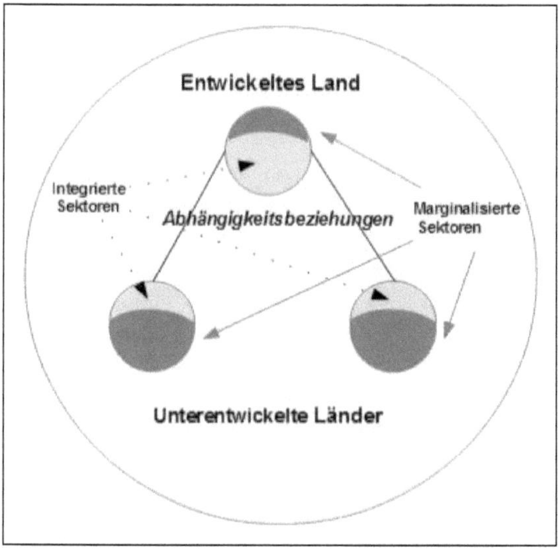

(SCHOLZ 2000, 9)

„Die Auseinandersetzung zwischen Polarisationstheoretikern, die den Marktprozess ein regionales Disparitätenwachstum zuschreiben, und Neoklassikern, die stattdessen eine ökonomische Konvergenz erwarten, ist unentschieden" (MÄDIG 1998, 5ff.)

2.5 Kritische Würdigung und Ausblick

Es herrscht kaum noch ein Lebensbereich, der nicht in globale Beziehungen eingebunden ist. Wenn in der Politik eine Ursache für eine wirtschaftlich, soziale oder ökonomisch beunruhigende Lage in Ländern, Regionen oder Gesellschaften gesucht wird, kommt der Globalisierungsbegriff oft zum Einsatz. Globalisierung wird so zu einem Begriff mit vielen negativen Nebenbedeutungen, den die Menschen mit kritischen Entwicklungen verknüpfen. Besonders in den Bereichen Arbeit (Globalisierung der Niedriglöhne), Steuern (Steuerschlupflöcher, Steuerungerechtigkeit, Unterversorgung mit öffentlichen Gütern), Soziales (Absenkung gewohnter Sozialstandards), Umwelt (Ökodumping), politische Autonomie (Schwächung nationalstaatlicher Souveränität) und Sicherheit (Globalisierung der Kriminalität und des Terrorismus). Der Globalisierungsbegriff findet in der internationalen Verknüpfung in allen Teilaspekten Verwendung (vgl. HAAS, NEUMAIR, SCHLESINGER 2009, 14).

Anthony Giddens stellt fest, dass sich drei verschiedene Meinungen zum Thema Globalisierung herausgebildet haben. Diese sind die der 'sceptics', 'hyperglobalizers' und 'transformationalists'. Die Skeptiker (sceptics) sind der Meinung, dass die Globalisierung keine neue Erscheinung ist. Die Interaktionen zwischen den Nationen haben sich vielleicht vermehrt, jedoch nicht die Aktionstreibenden. Mit dieser Argumentation zeigen sie auf, dass ein Regionalisierungsprozess eher eintritt als ein Globalisierungsprozess. Beispielsweise interagieren europäische Länder hauptsächlich untereinander und weniger mit nichteuropäischen Ländern. Die Hyperglobalisierer, schreiben der Globalisierung, gegensätzlich zu den Skeptikern eine weltumfassende Erfahrbarkeit zu. Die Globalisierung würde in einen freien Markt führen, der stärker Wäre als alle Regierungen einzelner Länder. Die Transformationalisten sehen im Gegensatz zu den Hyperglobalisierern den Globalisierungsprozess als beeinflussbare vorantreibende Kraft (vgl. GIDDENS 2001, 58ff. und GIDDENS 2001, 17ff.).

3 Regionalisierung

3.1 Definition

Regionalisierung wird definiert als Aufteilung oder Untergliederung eines Raumes in kleine Einheiten, nach einem meist zweckbedingten Schema. Dies kann supranational und international geschehen. Eine supranationale Regionalisierung findet statt wenn sich mehrere Länder zu einem Wirtschaftsblock zusammenschließen. Ein Beispiel dafür, ist der Europäische Binnenmarkt, der seit dem 1. Januar 1933 existiert. Der Europäische Binnenmarkt ist der gemeinsame Binnenmarkt der Mitgliedsstaaten der Europäischen Union und mit seinen 28 Mitgliedsstaaten der größte gemeinsame Markt der Welt (vgl. HAAS, NEUMAIR, SCHLESINGER 2009, 30; BATHELT, GLÜCKER 2003, 46).

Ein konkreter Erdausschnitt, der auf Grund bestimmter Prinzipien und Strukturen von anderen abgrenzbar ist, nennt man eine Region. Es gibt viele verschiedene Regionstypen, die in der Wirtschaftsgeographie von Interesse sind. Regionen, die nach Industriebesatz abgegrenzt werden, nennt man *Industrieregionen*. Sie sind von großem Interesse, da sie einerseits Arbeitsplätze schaffen, aber andererseits zu Umweltproblemen führen. *Arbeitsmarktregionen* werden nach Pendler Verflechtungen abgegrenzt und machen sich dadurch Interessant, da sich in diesen Region Einkommen verbreiten und die dementsprechende Verkehrsinfrastruktur vorhanden sein muss. *Wachsende Regionen* werden anhand des Einkommenswachstums oder Arbeitsplatzwachstums abgegrenzt. Durch generelles Verständnis der wachsenden Regionen, können diese Konzepte auf *schrumpfende Regionen* angewendet werden, um hier das Wachstum zu fördern (vgl. BATHELT, GLÜCKER 2003, 46).

3.2 Abgrenzungsprinzipien von Regionen

Man unterscheidet zwischen 3 Abgrenzungsprinzipien. Bei der Abgrenzung nach dem ***Homogenitätsprinzip***, werden Raumeinheiten mit weitgehend ähnlicher Struktur zusammengefasst. Es gibt verschiedene Methoden um diese durchzuführen. Bei der *Kennziffernmethode* werden Gruppen gebildet und Grenzwerte definiert, um diese Raumeinheiten einem Gebietstyp zuzuordnen. Hierbei orientiert man sich an Merkmalen wie dem Pro-Kopf Einkommen oder der Arbeitslosigkeit. Mit der *Clustermethode*, kann man, statistisch, homogene Regionen voneinander abgrenzen. Jede kleinste Raumeinheit wird zunächst ein eigener Regionstyp. Bei dem nächsten Schritt werden nun die Regionen zusammengefasst, welche sich ähneln. Somit verringert sich die Anzahl mit jedem Schritt um eine Region, da zwei alte sich zu einer neuen zusammenschließen. Das Verfahren wird dann beendet, wenn die Regionen nach den vorgegebenen Maßstäben zu heterogen werden. Ein Beispiel für die Regionalisierung nach dem Homogenitätsprinzip, ist die Aufgliederung Deutschlands, im Jahre 1997 auf Ebene der Bundesländer nach dem Pro-Kopf Einkommen (Abb. 5) (vgl. BATHELT, GLÜCKER 2003, 46).

Abb. 5: Regionalisierung nach dem Homogenitätsprinzip (a)

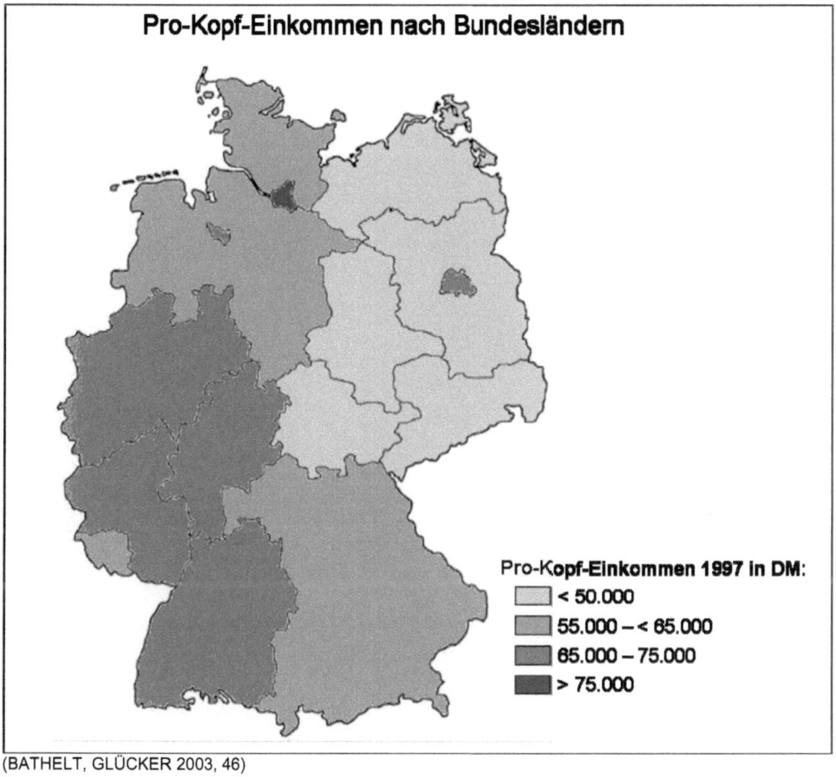

(BATHELT, GLÜCKER 2003, 46)

Es fällt auf, dass das Pro-Kopf Einkommen in den westdeutschen Bundesländern deutlich höher ist als in den ostdeutschen. Das höchste Pro-Kopf Einkommen, findet sich in den Stadtstaaten, insbesondere in Hamburg, jedoch auch in den südwestlichen Bundesländern. Ein anderes Bild jedoch, liefert die Regionalisierung nach der Arbeitslosenquote. (Abb.6)

Hier zeigt sich einerseits ein Ost-West Unterschied und andererseits ein Nord-Süd Unterschied (vgl. BATHELT, GLÜCKER 2003, 46).

Abb. 6: Regionalisierung nach dem Homogenitätsprinzip (b)

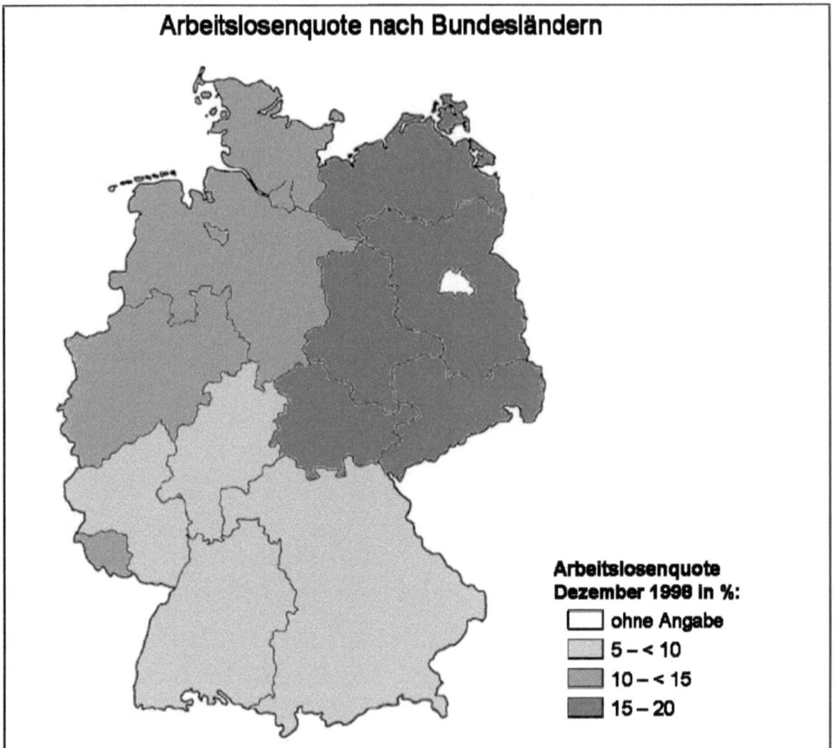

(BATHELT, GLÜCKER 2003, 46)

Bei diesen Daten, ist jedoch auf Grund verschiedener Faktoren, die nicht berücksichtigt wurden, die Auswertung mit Vorsicht zu betrachten. Die Methode des Homogenitätsprinzips ist die am meisten angewandte Methode. Bei der Abgrenzungsmethode nach dem ***Funktionalprinzip***, werden Regionen nach Pendlerbeziehungen abgegrenzt. Hierbei wird meist von einem Gravitationskern ausgegangen, der Einfluss aus dessen Umland bezieht. Ein Gravitationskern ist hier beispielsweise ein Industriegebiet, in das täglich Arbeitnehmer von ihrem Wohnort aus einpendeln. Ein Beispiel dafür, ist die Aufteilung Mittelhessens in Arbeitsmarktregionen (Abb.7).

Abb. 7: Regionalisierung nach dem Funktionalprinzip: Arbeitsmarktregionen

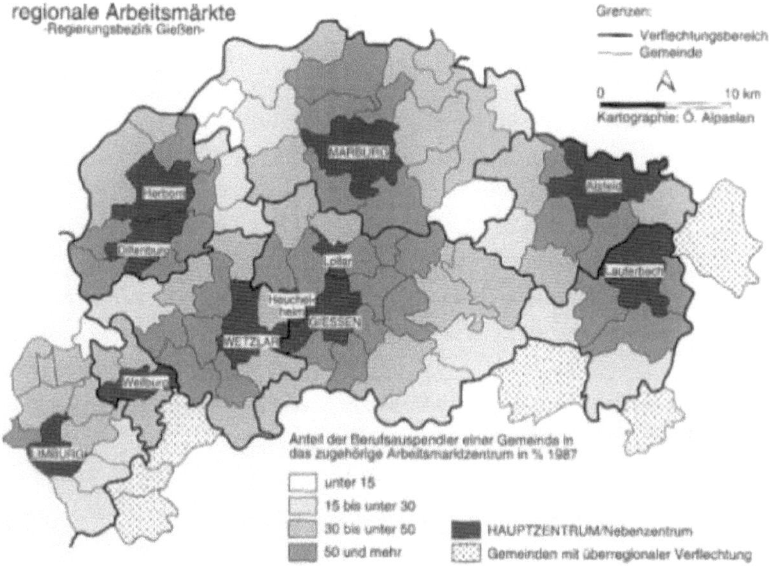

(BATHELT, GLÜCKER 2003, 47)

Die dritte Abgrenzungsmethode nennt sich das ***Verwaltungsprinzip***. Hier sind Regionen z.B. Kreise und Gemeinden die sich aus dem Zeitablauf herausgebildet haben. Sie sind meist Ergebnisse großer Machtkämpfe und Aushandlungsprozesse der Vergangenheit und sind durch bestimmte Strukturen geprägt (vgl. BATHELT, GLÜCKER 2003, 45f.).

4 Globalisierung versus Regionalisierung

4.1 Lokal und Global in der Moderne

Ein Vorgang wird als lokal bezeichnet, wenn die Wirkung auf den Ort seiner Entstehung beschränkt ist. Ist die Wirkung an einem Ort, der nicht der Entstehung entspricht, zu verzeichnen, nennt man ihn globaler Vorgang. Das Verständnis für einen lokalen Vorgang ist den Menschen schon seit einiger Zeit bekannt. Das Verständnis für einen globalen Vorgang jedoch, bedurfte einer sehr langen Entwicklung. Wenn im Mittelalter auf Grund schlecht Wetter Bedingungen einmal die Ernte eines Bauers ausfiel, wusste er, dass dies schlechte Auswirkungen auf seine Region habe (Lokaler Vorgang). In der Moderne ist das anders. Ein Leck in einem Atomkraftwerk beispielsweise, hat offensichtliche Folgen für die direkte Umgebung des Kraftwerkes (Lokale Folgen), jedoch auch mindestens zwei globale Folgen. Zunächst ist es durch die Medienberichte weltweit möglich, von der Katastrophe zu erfahren und daran teil zu haben. Außerdem können durch Naturgewalten wie Wind und Wasser, radioaktive Materialien über die ganze Welt verteilt werden und damit Radius des Katastrophenorts ausweiten. Obwohl es Naturgewalten schon vor der Moderne gab, steigt, durch die immer weiter fortgeschrittenen Technologien das damit verbundene Risiko immer weiter (vgl. GIDDENS 2001, 65ff.).

4.2 Lokalisierte versus entankerte Ökonomie

Parallel zur Globalisierung, ist eine entgegengesetzte Entwicklung ebenso bedeutsam geworden. Regionale Unternehmenscluster in den Bereichen der Telekommunikation und Multimedia, wissens- und technologieintensiven Industrien wie der Biotechnologie und Genforschung sind auch in Europa entstanden. Diese neu entwickelten Cluster weisen zunächst eine hohe Entwicklungs- und Beschäftigungsrate auf. Globalisierungsprozesse sind also demnach nicht grenzenlos. Daraus ist in den letzten Jahren eine wissenschaftliche Debatte entstanden die sich mit dem Verhältnis vom Lokalen zum Globalen beschäftigt. Diese gegensätzlichen Tendenzen lassen sich im Bezug der lokalisierten und der entankerten Ökonomie gegenüberstellen. Die *entankerte Ökonomie* ist die deterritorisierte Variante der Weltwirtschaftsordnung. Sie definiert sich durch die Überzeugung, dass sich ein Fabrikationssystem von auswechselbaren Standorten etabliert. Dies wird durch die weltweite Verfügbarkeit von Technologien und der Vereinheitlichung internationaler Verflechtungen ermöglicht. Kommunikations- und Logistiktechnologien, lassen zu dass sich Wissen weltweit verbreitet. Unternehmen wären in der Lage, nahezu jeden beliebigen Standort als Produktionsstandort zu nutzen, da es keine Barrieren mehr gibt, die man nicht überwinden kann. Die entankerte Ökonomie geht davon aus, dass kein Standort Faktoren besitzt die man woanders nicht auch zur Verfügung hätte, bzw. herstellen könnte (vgl. BATHELT, GLÜCKER 2003, 273f.).

Dem gegenüber steht die *lokalisierte Ökonomie*. Diese terrritorialisierte Variante der Weltwirtschaft, geht davon aus, dass auszeichnende Produkte, an konkrete Orte gebunden sind. Diese Ressourcen sind nur an diesem Ort auf der gesamten Welt vorhanden. Noch wichtiger als Ressourcen, sind heutzutage Normen, Regeln und gewisse Prozeduren der Wissensgenerierung. Diese werden im örtlichen Kontext immer weiter verfeinert und spezifisiert (vgl. BATHELT, GLÜCKER 2003, 273f.).

Sowohl die entankerte, als auch die lokalisierte Ökonomie, sind analytische Idealtypen. Die tatsächliche Umsetzung der großen Unternehmen ist eine Mischung der beiden Versionen (vgl. BATHELT, GLÜCKER 2003, 273f.).

4.3 Glokalisierung

Glokalisierung, ist ein Vokabel Arrangement aus Globalisierung und Lokalisierung (vgl. HAAS, NEUMAIR, SCHLESINGER 2009, 30). Die Hypothese der Glokalisierung besagt, dass wirtschaftliche Globalisierung nicht zwangsläufig die Loslösung von lokalen Produktionsbezügen bedeutet, geschweige denn eine Bedrohung für das Lokale darstellt. Sie kann neue Chancen für die Entwicklung lokalisierter Zusammenhänge schaffen. Nach

Amin und Thrift sind Lokalisierung und Globalisierung „zwei Seiten derselben Medaille“ (BATHELT, GLÜCKER 2003, 280). Hier wird auch behauptet, dass nationalstaatliche Institutionen gegenüber globalen und lokalen Institutionen an Bedeutung verlieren. Ein Beispiel dafür, sind regionale Cluster. „Unter einem regionalen Cluster wird eine überdurchschnittliche, regionale Konzentration von Unternehmen und Institutionen einer Hauptbranche sowie weiterer unterstützender, verwandter Branchen verstanden, die über Wertschöpfungsketten oder diagonale Interaktionen miteinander agieren, um auf diese Weise Wettbewerbsvorteile im nationalen und internationalen Kontext zu erreichen“ (ZANGER, KAMINSKI 2008, 345ff.). Wenn man von einem regionalen Cluster spricht, werden meist weltweit bekannte regionale Cluster wie Hollywood oder Silicon Valley genannt. Diese Beispiele zeigen dass sich Globalisierungsstrategien und Lokalisierungsstrategien ergänzen können und nicht im Widerspruch zueinander stehen müssen (vgl. ZANGER, KAMINSKI 2008, 345ff.). Die Vorstellung von Globalisierung und Regionalisierung als ein verschmolzener Prozess, ist aber auch sehr gefährlich, da diese Position Konflikt verschleiernd wirkt. Ein Bedeutungsvoller Konflikt ist beispielsweise die Krisensituation, die aus der Abwanderung eines Produktionsbetriebs aus der Region in eine andere Region, entsteht. Fraglich ist auch, wie die Unternehmen in ihrem lokalisierten Kontext ihre Wettbewerbsfähigkeit halten können (vgl. BATHELT, GLÜCKER 2003, 280f.). Eine Landkarte Baden – Württembergs soll nun als Beispiel aufgeführt werden (Abb.8).

Abb. 8: Regionale Cluster-Landkarte Baden-Württemberg

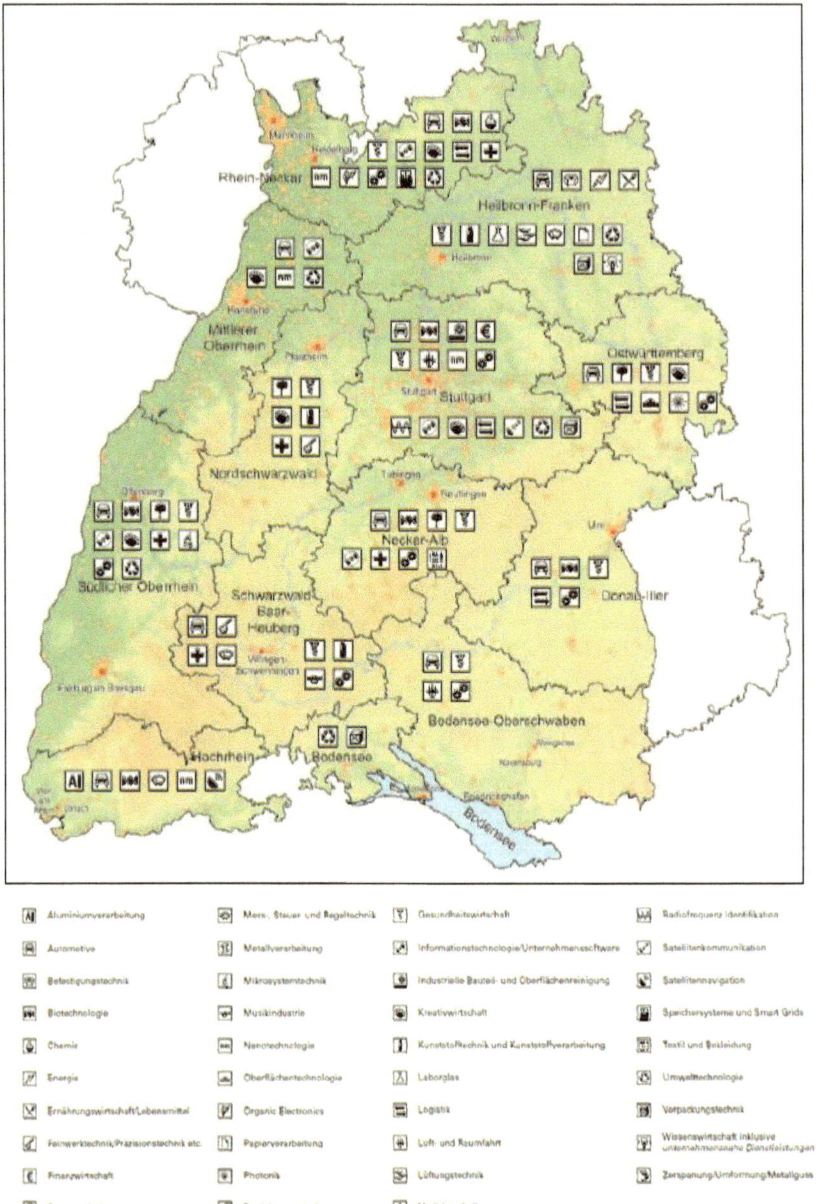

(Ministerium für Finanzen und Wirtschaft Baden-Württemberg 2012)

5 Fazit

Auf die Frage ob Globalisierung etwas gutes oder etwas schlechtes sei , kann man antworten, dass sich bezüglich der Globalisierung , wie oben erläutert, zwei Theorien gegenüber stehen, die der nachholenden Entwicklung und die der fragmentierenden Entwicklung. Die daraus entstandene Diskussion ist bis heute unentschieden. Jedoch lässt sich die Globalisierung nicht alleine betrachten. Auch die Regionalisierung sollte hier nicht außen vor gelassen werden. Sie ist eine Reaktion auf die Globalisierung und kann parallel, und in regionalen Clustern, gemeinsam mit globalen Aktivitäten existieren. Daraus folgt, dass Globalisierung und Regionalisierung sich nicht widersprechen. Zusammenfassend lässt sich sagen, dass Globalisierung kein Prozess der Vereinheitlichung ist, der regionale Verarbeitungsprozesse bedroht oder zerstört. Jedoch erlaubt es die Globalisierung auch nicht, dass regionale Produktionssysteme dauerhaft von Entwicklungen an anderen Orten unberührt bleiben (vgl. MÄDIG 1998, 5; BATHELT, GLÜCKLER 2003, 280f.).

Literaturverzeichnis

BATHELT, H., GLÜCKLER, J. (2003): Wirtschaftgeographie. Stuttgart.

CALHOUN, C. (2001): Methoden der Sozialforschung. In: JOAS, H. (Hrsg.): Lehrbuch für Soziologie, 1. Auflage, Frankfurt am Main, S. 39 – 61.

FRIEDRICHS, J. (2002): Globalisierung. In: ENDRUWEIT, G., TROMMSDORF, G. (Hrsg.): Wörterbuch der Soziologie, 2. Auflage, Stuttgart, S. 202 – 203.

GIESE, E., MOSSIG, I., SCHRÖDER, H. (2011): Globalisierung der Wirtschaft. Eine wirtschaftgeographische Einführung. Paderborn.

GIDDENS, A. (1995): Die Konsequenzen der Moderne. Frankfurt am Main.

GIDDENS, A. (2001): Globalisierung. In: GIDDENS, A. (Hrsg.): Entfesselte Welt. Wie die Globalisierung unser Leben verändert, Frankfurt am Main, S. 17 – 32.

GÖTZ, U., LANG, R. (2008): Strategisches Management: Herausforderungen und Lösungsansätze im Spannungsfeld von Globalisierung und Regionalisierung. In: GÖTZE, U., LANG, R. (Hrsg.): Strategisches Management zwischen Globalisierung und Regionalisierung. Wiesbaden, S. 3 – 9.

HAAS, H., NEUMAIR, S., SCHLESINGER, D. M. (2009): Geographie der Internationalen Wirtschaft. Darmstadt.

MINISTERIUM FÜR FINANZEN UND WIRTSCHAFT BADEN – WÜRTTEMBERG (Hrsg.) (2012): Cluster Atlas Baden – Württemberg. http://www.karlsruhe.ihk.de/linkableblob/kaihk24/innovation/Industrie/IndustrieAktuell/1988800/.3./data/Regionaler_Cluster_Atlas_2012-data.pdf (10.06.2015).

MÄDIG, H. (1998): Perspektiven für ein Europa der Regionen. In: Standort 23, Heft 1, S. 5-11.

SCHAMP, E. W. (1996): Globalisierung von Produktionsnetzen und Standortsystemen. In: Geographische Zeitschrift 84, Heft 3, S. 205 – 219.

SCHOLZ, F. (2000): Perspektiven des Südens im Zeitalter der Globalisierung. In: Geographische Zeitschrift 88, Heft 1, S. 1-20.

SCHOLZ, F. (2002): Die Theorie der fragmentierenden Entwicklung. In: Geographische Rundschau 54, Heft 10, S. 6 – 11.

SCHOLZ, F. (2004): Geographische Entwicklungsländerforschung. Methoden und Theorien. Studienbücher der Geographie. Berlin / Stuttgart.

ZANGER, C., KAMINSKI, S. (2008): Die regionale Clustermarke - Konzepte strategischer Markenführung im Spannungsfeld zwischen regionalem und globalem Wettbewerb. In: GÖTZE, U., LANG, R. (Hrsg.): Strategisches Management zwischen Globalisierung und Regionalisierung. Wiesbaden, S. 345 - 363.